Victoria Ibukun Joshua

# Morfologias e Atlas Pictórico das Espécies de Cogumelos da Nigéria Central

AF625237

Victoria Ibukun Joshua

# Morfologias e Atlas Pictórico das Espécies de Cogumelos da Nigéria Central

ScienciaScripts

**Imprint**

Any brand names and product names mentioned in this book are subject to trademark, brand or patent protection and are trademarks or registered trademarks of their respective holders. The use of brand names, product names, common names, trade names, product descriptions etc. even without a particular marking in this work is in no way to be construed to mean that such names may be regarded as unrestricted in respect of trademark and brand protection legislation and could thus be used by anyone.

Cover image: www.ingimage.com

This book is a translation from the original published under ISBN 978-3-659-49358-4.

Publisher:
Sciencia Scripts
is a trademark of
Dodo Books Indian Ocean Ltd. and OmniScriptum S.R.L publishing group

120 High Road, East Finchley, London, N2 9ED, United Kingdom
Str. Armeneasca 28/1, office 1, Chisinau MD-2012, Republic of Moldova, Europe
Printed at: see last page
**ISBN: 978-620-7-95794-1**

Copyright © Victoria Ibukun Joshua
Copyright © 2024 Dodo Books Indian Ocean Ltd. and OmniScriptum S.R.L publishing group

# ÍNDICE DE CONTEÚDOS:

# CAPÍTULO 1

## INTRODUÇÃO

### Informações de base

É amplamente reconhecido que os fungos têm sido relativamente pouco recolhidos e estudados na maioria dos países, regiões e habitats. É atualmente aceite que a estimativa de 1,5 milhões é altamente conservadora. Vários estudos têm-se concentrado na enumeração da biodiversidade mundial de fungos (Hawksworth 2001, 2004). Estes estudos serviram de base para estudos que visam uma melhor compreensão da biodiversidade fúngica a nível mundial e os resultados foram utilizados para motivar estudos de bioconservação e de biodiversidade fúngica (Crous et al., 2006). Tendo em conta o facto de a perda de biodiversidade fúngica estar a ocorrer a todos os níveis da organização, a Nigéria tem a sua quota-parte do que foi referido acima. Se esta perda se tornar extrema, pode causar uma redução ou cessação da produção de corpos frutíferos na sua vegetação depauperada. Como as distribuições de todas as espécies se contraem devido à fragmentação do habitat ou a outros factores antropogénicos, a diversidade de espécies de fungos na Nigéria está a diminuir. Por conseguinte, a criação de bases de dados quantitativas e de programas de monitorização para a conservação é essencial para avaliar o sucesso futuro na manutenção da biodiversidade em geral e da diversidade de macrofungos no estado de Kogi, na Nigéria, em particular. Tendo em conta o acima mencionado, a importância da listagem e conservação dos macrofungos não pode ser demasiado enfatizada. Assim, o livro procura fornecer um arquivo de cogumelos da Nigéria Central (cogumelos tropicais) que poderá ser útil em caso de perda de diversidade de macrofungos e gerar informação de base (catálogo corretamente identificado e fiável).

# CAPÍTULO 2

## LOCALIZAÇÃO

O Estado de Kogi está localizado na zona geopolítica Centro-Norte da Nigéria, entre as latitudes 6°30' e 8°50'N e as longitudes 5°51' e 8°00'E, e está estruturado em 21 áreas governamentais locais, incluindo Ankpa, Bassa, Dekina, Ofu, Omala, Olamaboro, Ibaji, Idah, Igalamela-Odolu, Ajaokuta, Okene, Okehi, Adavi e Ogori-magongo, Kabba-Bunnu, Ijumu, Lokoja, Kogi, Yagba-West, Yagba-East e Mopa-Amuro LGAs (KOSEEDS, 2014).

# CAPÍTULO 3

## CARACTERIZAÇÃO MORFOLÓGICA

Os macrofungos foram inventariados nas estações das chuvas e no início das estações secas (junho a dezembro).

Todos os macrofungos encontrados nas parcelas de amostragem foram recolhidos. Estes foram fotografados in-situ e marcados digitalmente com a câmara canon. Alguns esporocarpos foram cuidadosamente escavados e os seus lados férteis (brânquias, tubos e espinhos) foram expostos e fotografados.

A caraterização morfométrica dos cogumelos foi efectuada como descrito por Largent & Thiers (1977).

A informação sobre os vários caracteres indicados nas fichas de descrição dos fungos foi utilizada para identificar cada espécime, juntamente com ilustrações em guias de campo a cores e também através do uso de chaves de descrição como prescrito por Zoberi (1972); Largent, Johnson & Watling (1977); Largent (1986); Jordan (2000); Lamaison & Polese (2005); Miller & Miller (2006); Van-Norman et al. (2008); e Hutten (2016).

A identificação morfológica dos cogumelos foi efectuada com base em 6 grupos de morfotipos (fungos Boletoid e Polyporus; fungos Gilled; fungos Cortinarius; fungos Ascomycetes, fungos Non-gilled; e Coral fungi), 13 tipos de estatura (Amanitóide; Armillarioide; Clitocyboid; Collybioid; Galerinoid; Lepiotoid; Mycenoid; Naucoriod; Omphaloid; Pleurotoid; Plutoid; Tricholomatoid; e Vaginatoid) e o grupo de Boletes Gilled. Todos os cogumelos recolhidos pertencem ao reino Fungi e ao filo Basidomycota, exceto as espécies de cogumelos ***Daldinia concentrica, Xylaria*** sp e ***Xylaria polymorpha*** que pertencem ao reino Fungi e ao filo Ascomycota.

Os pormenores e as caraterísticas dos cogumelos encontrados são descritos a seguir:

### Amanitóide Tipo de estatura

***Amanita caesarea* (Prato 1)**
**Classe:** Agaricomycetes
**Ordem:** Agaricales
**Família:** Amanitaceae
**Anel:** Presente
**Volva:** Presente
**Anexo Gill:** Livre
**Espaçamento entre anéis:** Aglomerado
**Margem do píleo:** Estreito
**Margem do píleo em secção:** Reta
**Morfologia do chapéu:** Cónico
**Fixação de estipe:** Central
**Bolbos e volvas:** Sacados
**Forma do estipe:** Com taça
**Forma do anel:** Pingente
**Natureza da tampa:** Liso
**Natureza do cogumelo:** Carnudo
**Substrato (Habitat):** No chão (solo)
***Amanita* sp2 (placa 2)**
**Classe:** Agaricomycetes
**Ordem:** Agaricales

**Família:** Amanitaceae
**Anel:** Presente
**Volva:** Presente
**Anexo Gill:** Livre
**Espaçamento entre as guelras:** Perto
**Margem do píleo:** lisa/nítida
**Margem do píleo em secção:** Reta
**Morfologia do chapéu:** Umbonado
**Fixação de estipe:** Central
**Bolbos e volvas:** Napiformes
**Forma do estipe:** Bulboso
**Forma do anel:** Alargado
**Natureza da tampa:** Liso
**Natureza do cogumelo:** Carnudo
**Substrato (Habitat):** No solo
(solo)
***Amanita* sp3 (Prato 3)**
**Classe:** Agaricomycetes
**Ordem:** Agaricales
**Família:** Amanitaceae
**Anel:** Presente
**Volva:** Presente
**Anexo Gill:** Livre
**Espaçamento entre as guelras:** Perto
**Margem do píleo:** estriada
**Margem do píleo em secção:** Reta
**Morfologia do chapéu:** Convexo
**Fixação de estipe:** Central
**Bolbos e volvas:** anéis concêntricos de escamas
**Forma do estipe:** Bulboso
**Forma do anel:** Alargado
**Natureza da tampa:** Liso
**Natureza do cogumelo:** Carnudo
**Impressão de esporos:** Branco
**Substrato (Habitat):** No chão (solo)

**Placa 1:** *Amanita caesarea*

**Placa 2:** *Amanita* sp2

**Placa 3:** ***Amanita*** **sp3**

**Armillarioid Tipo de estatura**

***Agaricus xanthodermus*** **(placa 4)**

**Classe:** Agaricomycetes

**Ordem:** Agaricales

**Família:** Agaricaceae

**Nome binomial:** ***Agaricus xanthodermus*** Genev. (1876)

**Anel:** Presente

**Volva:** ausente

**Anexo Gill:** Livre

**Espaçamento entre anéis:** Aglomerado

**Margem do píleo:** lisa/íntegra

**Margem do píleo em secção:** Reta

**Morfologia do chapéu:** Convexo

**Fixação de estipe:** Central

**Forma da base do caule:** Ventricosa fusiforme
**Forma do estipe:** Fusoide
**Forma do anel:** Revestimento
**Natureza da tampa:** Peluda
**Natureza do cogumelo:** Carnudo
**Impressão de esporos:** ***Castanho café***
**Substrato (Habitat):** No chão (solo)

**Placa 4:** ***Agaricus xanthodermus***

**Clitocyboid Tipo de estatura**

***Russula sanguinea*** **(Prato 5)**
**Classe**: Agaricomycetes
**Ordem**: Russulales
**Família**: Russulaceae
**Anel:** Ausente
**Volva:** ausente

**Anexo Gill:** Subdecorrente
**Espaçamento entre as guelras:** Perto
**Margem do píleo:** estriada
**Margem do píleo em secção:** Reta
**Morfologia do chapéu:** Convexo com depressão pouco profunda
**Fixação de estipe:** Central
**Forma da base do caule:** Clavado
**Forma do estipe:** Em forma de taco
**Natureza da tampa:** Liso
**Natureza do cogumelo:** Carnudo
**Impressão de esporos:** Amarelada
**Substrato (Habitat):** no chão (solo)
***Russula* sp2 (Prato 6)**
**Classe:**Agaricomycetes
**Ordem**: Russulales
**Família**: Russulaceae
**Anel:** Ausente
**Volva:** ausente
**Anexo Gill:** Anexado
**Espaçamento entre anéis:** Aglomerado
**Margem do píleo:** Rimosa/rachada
**Margem do píleo em secção:** Reta
**Morfologia do chapéu:** Convexo com depressão pouco profunda
**Fixação de estipe:** Central
**Forma da base do caule:** Cónico
**Forma do estipe:** Fusoide
**Natureza da tampa:** Liso
**Natureza do cogumelo:** Carnudo
**Substrato (Habitat):** No chão (solo)
***Russula* sp3 (Prato 7)**
**Classe**: Agaricomycetes
**Ordem**: Russulales
**Família**: Russulaceae
**Anel:** Ausente
**Volva:** ausente
**Anexo Gill:** Anexado
**Espaçamento entre as guelras:** Perto
**Margem do píleo:** lisa
**Margem do píleo em secção:** Reta
**Morfologia do chapéu:** Convexo com depressão pouco profunda
**Fixação de estipe:** Central
**Forma da base do caule:** Igual
**Forma do estipe:** Igual
**Natureza da tampa:** Liso
**Natureza do cogumelo:** Carnudo
**Substrato (Habitat):** No chão (solo)
***Russula* sp4 (Prato 8)**
**Classe**: Agaricomycetes

**Ordem**: Russulales
**Família**: Russulaceae
**Anel:** Ausente
**Volva:** ausente
**Anexo de Gill:** Sub-decorrente
**Espaçamento entre as brânquias:** Subdistante
**Margem do píleo:** estriada
**Margem do píleo em secção:** Decurvada
**Morfologia do chapéu:** Deprimido
**Fixação de estipe:** Central
**Forma da base do caule:** Cónico
**Forma do estipe:** Afunilado em direção à base
**Natureza da tampa:** Liso
**Natureza do cogumelo:** Carnudo
**Substrato (Habitat):** No chão (Solo)
***Lactarius* sp (placa 9)**
**Classe**: Agaricomycetes
**Ordem**: Russulales
**Família**: Russulaceae
**Anel:** Ausente
**Volva:** ausente
**Anexo Gill:** Adnate
**Espaçamento entre as brânquias:** Subdistante
**Margem do píleo:** lisa/nítida
**Margem do píleo em secção:** Decurvada
**Morfologia do chapéu:** Convexo com depressão pouco profunda
**Fixação de estipe:** Central
**Forma da base do caule:** Igual
**Forma do estipe:** Igual
**Natureza da tampa:** Liso
**Natureza do cogumelo:** Carnudo
**Substrato (Habitat):** no solo (terra)
***Lactarius* sp2 (placa 10)**
**Classe**: Agaricomycetes
**Ordem**: Russulales
**Família**: Russulaceae
**Anel:** Ausente
**Volva:** ausente
**Anexo Gill:** Adnate
**Espaçamento entre as maxilas:** Perto
**Margem do píleo:** lisa
**Margem do píleo em secção:** Incurvo
**Morfologia do chapéu:** Convexo com depressão pouco profunda
**Fixação de estipe:** Central
**Forma da base do caule:** Igual
**Forma do estipe:** Igual
**Natureza da tampa:** Aveludado
**Natureza do cogumelo:** Carnudo

**Substrato (Habitat):** No chão (solo)

***Clitocybe* sp (Prato 11)**

**Classe**: Agaricomycetes
**Ordem**: Agaricales
**Família**: Tricholomataceae
**Anel:** Ausente
**Volva:** ausente
**Anexo de Gill:** Sub-decorrente
**Espaçamento entre as maxilas:** Perto
**Margem do píleo:** lisa
**Margem do píleo em secção:** Reta
**Morfologia da tampa:** Umbilicado
**Fixação de estipe:** Central
**Forma da base do caule:** Forma de taco
**Forma do estipe:** Clavado
**Natureza da tampa:** Liso
**Natureza do cogumelo:** Carnudo
**Substrato (Habitat):** No chão (solo)

***Russula brevipes* (Prato 12)**

**Classe**: Agaricomycetes
**Ordem**: Russulales
**Família**: Russulaceae
**Designação binomial:** *Russula brevipes var.acrior Shaffer (1964)*
**Anel:** Ausente
**Volva:** ausente
**Anexo Gill:** Adnate
**Espaçamento entre anéis:** Aglomerado
**Margem do píleo:** lisa/íntegra, fissurada com a idade
**Margem do píleo em secção:** Incurvo
**Morfologia do chapéu:** Deprimido
**Fixação de estipe:** Central
**Forma da base do caule:** Igual
**Forma do estipe:** Cónico
**Natureza da tampa:** Liso
**Natureza do cogumelo:** Carnudo
**Substrato (Habitat):** no chão (solo)

***Lactifluus gymnocarpus* (Prato 13)**

**Classe:** Agaricomycetes
**Ordem:** Russulales
**Família:** Russulaceae
**Nome binomial:** ***Lactifluus gymnocarpus*** (R. Heim ex Singer) Verbeken (2012)
**Altura total:** 80 a 120 mm
**Comprimento da haste:** 65 a 70 mm
**Largura da tampa:** 90 a 163 mm
**Anel:** Ausente
**Volva:** ausente
**Anexo Gill:** Decorrente
**Espaçamento entre as brânquias:** Distante

**Margem do píleo:** Ondulada (ondulada) e erosiva
**Margem do píleo em secção:** Plano
**Morfologia do chapéu:** Infundibuliforme (em forma de funil)
**Fixação de estipe:** Central
**Forma da base do caule:** Igual/afunilada
**Forma do estipe:** Igual e afunilando em direção à base
**Natureza da tampa:** Aveludado
**Substrato (Habitat):** No chão (Solo)
**Odor e sabor:** Suave e apimentado

**Placa 5:** ***Russula sanguinea***

Placa 6: ***Russula sp2***

**Placa 7: *Russula* sp3**

**Placa 8:** ***Russula*** **sp4**

**Placa 9:** ***Lactarius*** **sp**

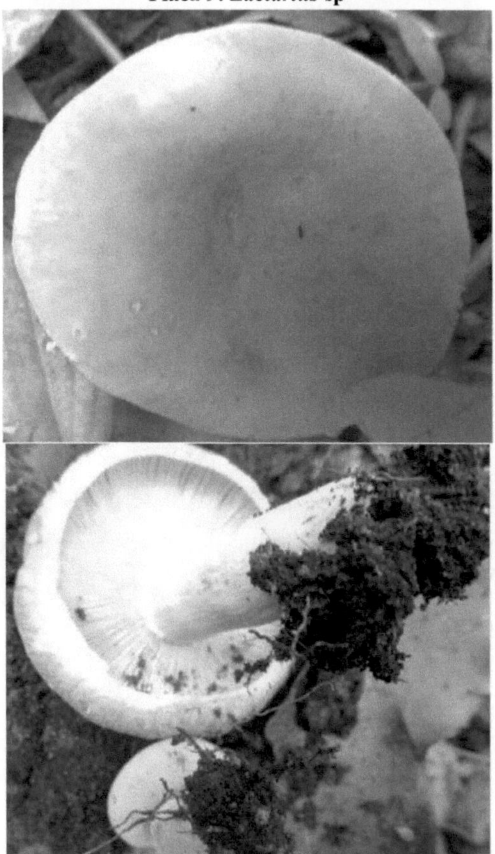

**Placa 10:** ***Lactarius*** **sp2**

**Placa 11:** ***CUtocybe*** **sp**

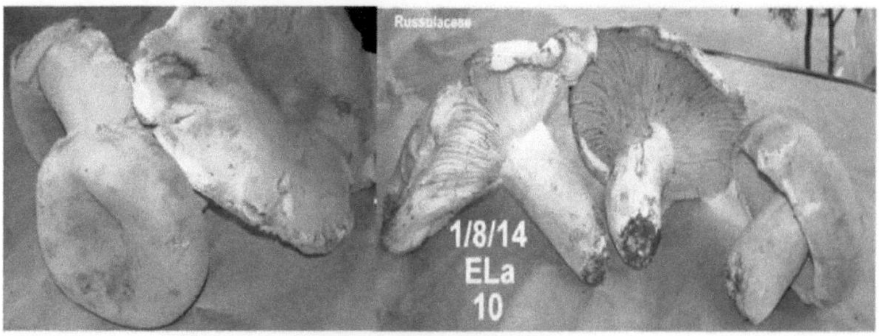


**Placa 12:** ***Russula brevipes***

**Placa 13:** ***Lactifluus gymnocarpus***

**Colibóide Tipo de estatura**

***Hygrophorus* sp (placa 14)**
**Classe:** Agaricomycetes
**Ordem:** Agaricales
**Família:** Hygrophoraceae
**Anel:** Ausente
**Volva:** ausente
**Anexos de Gill:** Sinuosa
**Espaçamento entre as brânquias:** Distante
**Margem do píleo:** Irregular (exemplar envelhecido)
**Margem do píleo em secção:** Plano
**Morfologia do chapéu:** deprimido
**Fixação de estipe:** Central
**Forma da base do caule:** Cónico
**Forma do estipe:** Ligeiramente afunilado
**Natureza da tampa:** Aveludado
**Substrato (Habitat):** No chão (solo)

**Placa 14:** ***Hygrophorus*** **sp**

**Galerinoide Tipo de estatura**

***Psathyrella incerta*** **(Prato 15)**
**Classe:** Agaricomycetes
**Ordem:** Agaricales
**Família:** Psathyrellaceae
**Nome binomial:** *Psathyrella incerta* (Peck) A.H. Sm., 1972
**Anel:** Presente
**Volva:** ausente
**Anexo Gill:** Livre
**Espaçamento entre as guelras:** Perto
**Margem do píleo:** lisa/nítida
**Margem do píleo em secção:** Estriado
**Morfologia do chapéu:** Cónico
**Fixação de estipe:** Central
**Forma da base do caule:** Arredondada
**Forma do estipe:** Em **forma** de taco **Forma/forma do anel:** Revestida **Natureza do chapéu:** Liso
**Substrato (Habitat):** no solo (terra)
***Agaricus*** **sp (placa 16)**
**Classe**: Agaricomycetes
**Ordem**: Agaricales
**Família**: Agaricaceae
**Anel:** Presente
**Volva:** ausente
**Anexo Gill:** Livre
**Espaçamento entre anéis:** Aglomerado
**Margem do píleo:** lisa/nítida
**Margem do píleo em secção:** Reta **Morfologia da tampa:** Convexo/ovalado
**Fixação de estipe:** Central
**Forma da base do caule:** Clavado
**Forma do estipe:** Igual a afunilado para uma base alargada
**Forma do anel:** Bainha/Pendente

**Natureza da tampa:**
Escamas planas/Carnosas/Fibrosas
**Substrato (Habitat):** No chão (solo)
***Agaricus* sp2 (placa 17)**
**Classe**: Agaricomycetes
**Ordem**: Agaricales
**Família**: Agaricaceae
**Anel:** Presentc
**Volva:** ausente
**Anexo Gill:** Livre
**Espaçamento entre as guelras:** Perto
**Margem do píleo:** lisa/nítida
**Margem do píleo em secção:** Reta
**Morfologia do chapéu:** Ovado
**Fixação de estipe:** Central
**Forma da base do caule:** Clavado
**Forma do estipe:** Igual a afunilado para uma base alargada
**Forma do anel:** Revestimento
**Natureza da tampa:** Escalas elevadas
**Substrato (Habitat):** No chão (solo)
***Agaricus* sp3 (placa 18)**
**Classe**: Agaricomycetes
**Ordem**: Agaricales
**Família**: Agaricaceae
**Anel:** Presente
**Volva:** ausente
**Anexo Gill:** Livre
**Espaçamento entre anéis:** Aglomerado
**Margem do píleo:** lisa/nítida
**Margem do píleo em secção:** Reta
**Morfologia do chapéu:** Ovado
**Fixação de estipe:** Central
**Forma da base do caule:** Clavado
**Forma do estipe:** Igual a afunilado para uma base alargada
**Forma do anel:** Revestimento
**Natureza da capa:** Peluda/fibrosa
**Substrato (Habitat):** no chão (solo)

Placa 15: *Psathyrella incerta*

Placa 16: *Agaricus* sp

Placa 17: *Agaricus* sp2

**Placa 18: Agaricus sp3**

**Lepiotoide Tipo de estatura**

***Leucoagaricus* sp (placa 19)**
**Classe**: Agaricomycetes
**Ordem**: Agaricales
**Família**: Agaricaceae
**Altura total:** 105 mm
**Comprimento da haste:** 100mm
**Largura da tampa**: 82 mm
**Anel:** Presente
**Volva:** ausente
**Anexo Gill:** Livre
**Espaçamento entre anéis:** Aglomerado
**Margem do píleo:** Crenada
**Margem do píleo em secção:** Reta
**Morfologia do gorro:**
Branco, umbónico/convexo no início até quase plano
**Fixação de estipe:** Central
**Forma da base do caule:** Em forma de clube, lisa acima do anel e fibrilosa abaixo **Forma do estipe:** Bulboso
**Forma do anel:** Alargado
**Natureza do invólucro:** liso e sedoso, com pequenos flocos/escamas
**Substrato (Habitat):** No chão (solo)
***Termitomyces* sp (placa 20)**
**Classe**: Basidiomicetos
**Ordem**: Agaricales
**Família**: Lyophyllaceae
**Anel:** Presente
**Volva:** ausente
**Anexo Gill:** Livre
**Espaçamento entre anéis:** Aglomerado
**Margem do píleo:** Rimosa/rachada
**Margem do píleo em secção:** Plana **Morfologia do chapéu:** Deprimida **Fixação da lâmina:** Central
**Forma da base do caule:** Radicante
**Forma do estipe:** Afunilado em direção à base

**Forma do anel:** Pendente
**Natureza da capa:** Peludo/Fibroso **Substrato (Habitat):** No solo (terra)
***Amanita* sp4 (placa 21)**
**Classe**: Agaricomycetes
**Ordem**: Agaricales
**Família**: Amanitaceae
**Anel:** Presente
**Volva:** ausente
**Anexo Gill:** Anexado
**Espaçamento entre as guelras:** Perto
**Margem do píleo:** Apendiculada **Margem do píleo em secção:** Reta **Morfologia do chapéu:** Convexo
**Fixação de estipe:** Central
**Forma da base do caule:**
Ventrículo fusiforme
**Forma do estipe:** Fusoide **Forma/forma do anel:** Pendente **Natureza do chapéu:** Escamas elevadas
**Substrato (Habitat):** No chão (solo)
***Amanita* sp5 (Prato 22)**
**Classe**: Agaricomycetes
**Ordem**: Agaricales
**Família**: Amanitaceae
**Anel:** Presente
**Volva:** ausente
**Fixação da anilha:** Estreitamente livre
**Espaçamento entre anéis:** Aglomerado
**Margem do píleo:** Inteira
**Margem do píleo em secção:** Incurvo **Morfologia do chapéu:** Convexo
**Fixação da haste:** Central **Forma da base do caule:** Clavada **Forma do estipe:** Igual **Forma/forma do anel:** Duplo **Natureza do chapéu:** Verrucoso
**Substrato (Habitat):** No chão (solo)
***Amanita* sp6 (Prato 23)**
**Classe**: Agaricomycetes
**Ordem**: Agaricales
**Família**: Amanitaceae
**Altura total:** 116 a 155 mm
**Comprimento do avanço:** 95 a 140 mm
**Largura da tampa**: 95 a 150 mm
**Anel:** Presente
**Volva:** ausente
**Anexo Gill:** Livre à distância
**Espaçamento entre anéis:** Aglomerado
**Margem do píleo:** Apendiculada
**Margem do píleo em secção:** Reta
**Morfologia do chapéu:** Convexo
**Fixação de estipe:** Central
**Forma da base do caule:** Clavado
**Ornamentação da superfície do caule:** Liso

**Forma do estipe:** Igual
**Forma do anel:** Pendente
**Natureza da tampa:** Verrugoso
**Substrato (Habitat):** No chão (solo)
***Amanita* sp7 (placa 24)**
**Classe**: Agaricomycetes
**Ordem**: Agaricales
**Família**: Amanitaceae
**Anel:** Presente
**Volva:** ausente
**Anexo Gill:** Livre à distância
**Espaçamento entre as guelras:** Perto
**Margem do píleo:** Inteira
**Margem do píleo em secção:** Reta
**Morfologia do chapéu:** Convexa **Fixação da lâmina:** Central **Forma da base do caule:** Clavada **Forma do estipe:** Em **forma** de clube **Forma/forma do anel:** Subperonada **Natureza do chapéu:** Escamas planas
**Substrato (Habitat):** No chão (solo)
***Amanita* sp8 (placa 25)**
**Classe**: Agaricomycetes
**Ordem**: Agaricales
**Família**: Amanitaceae
**Anel:** Presente
**Volva:** ausente
**Fixação da anilha:** Estreitamente livre
**Espaçamento entre anéis:** Aglomerado
**Margem do píleo:** Inteira
**Margem do píleo em secção:** Plano
**Morfologia do chapéu:** Convexo
**Fixação de estipe:** Central
**Forma da base do caule:** Sinuoso/afunilado
**Forma do estipe:** Flexuoso **Forma do anel:** Subperonada **Natureza do chapéu:** Escamoso
**Substrato (Habitat):** No solo (terra)

**Placa 19: *Leucoagaricus* sp**

**Placa 20:** ***Termitomyces*** **sp**

**Placa 21:** ***Amanita*** **sp4**

**Placa 22:** ***Amanita*** **sp5**

Placa 23: *Amanita* sp6

Placa 24: *Amanita* sp7

Placa 25: *Amanita* sp8

**Micenóide Tipo de estatura**

***Coprinus lagopus* (Prato 26)**
**Classe**: Agaricomycetes
**Ordem**: Agaricales
**Família:** Agaricaceae/Psathyrellaceae
**Nome binomial**: *Coprinus lagopus* (Fr.) Fr. (1838)
**Anel:** Ausente
**Volva:** ausente
**Anexo Gill:** Livre à distância
**Espaçamento entre anéis:** Aglomerado
**Margem do píleo:** Plicada
**Margem do pileu em secção:** Ligeiramente elevada
**Morfologia do chapéu:** Ovado
**Fixação de estipe:** Central
**Forma da base do caule:** Radicante
**Forma do estipe:** Afunilado em direção às brânquias
**Natureza da tampa:** Coberto com restos de véu exterior (flocoso branco)
**Substrato (Habitat):** Sobre lixo/húmus

***Termitomyces microcarpus* (placa 27)**
**Classe:** Basidiomicetos
**Ordem:** Agaricales
**Família**: Lyophyllaceae
**Nome binomial**:
***Termitomyces microcarpus* (Berk. & Broome) R.Heim (1942)**
**Anel:** Ausente
**Volva:** ausente
**Anexo Gill:** Livre
**Espaçamento entre anéis:** Aglomerado
**Margem do píleo:** Crenada
**Margem do píleo em secção:** Reta
**Morfologia do chapéu:** Umbonado
**Fixação de estipe:** Central
**Forma da base do caule:** Igual
**Forma do estipe:** Igual
**Natureza da tampa:** Liso
**Substrato (Habitat):** No solo (fundido)

***Megacollybia* sp (Prato 28)**
**Classe**: Basidiomicetos
**Ordem**: Agaricales
**Família**: Marasmiaceae
**Anel:** Ausente
**Volva:** ausente
**Anexo Gill:** Livre à distância
**Espaçamento entre anéis:** Aglomerado
**Margem do píleo:** lisa/nítida
**Margem do píleo em secção:** Reta
**Morfologia do chapéu:** Umbonado

**Fixação de estipe:** Central
**Forma da base do caule:** Clavado
**Forma do estipe:** Em forma de taco
**Natureza da capa:** Fibrilosa
**Substrato (Habitat):** No chão (solo)
***Psathyrella* sp (Prato 29)**
**Classe:** Agaricomycetes
**Ordem:** Agaricales
**Família:** Psathyrellaceae
**Anel:** Ausente
**Volva:** ausente
**Anexo Gill:** Adnate
**Espaçamento entre as brânquias:** Fechadas
**Margem do píleo:** Rimosa/rachada
**Margem do píleo em secção:** Recurvado **Morfologia do chapéu:** Infundibuliforme
**Fixação de estipe:** Central
**Forma da base do caule:** Cónico
**Forma do estipe:** Cónico
**Natureza da tampa:** Fibrilosa (rosca)
**Substrato (Habitat):** No chão (solo)
***Marasmius* sp (Prato 30)**
**Classe: Agaricomycetes**
**Ordem:** Agaricales
**Família:** Marasmiaceae
**Anel:** Ausente
**Volva:** ausente
**Anexo Gill:** Anexado
**Espaçamento entre as brânquias:** Distante
**Margem do píleo:** lisa/nítida
**Margem do píleo em secção:** Reta
**Morfologia do chapéu:** Convexo
**Fixação de estipe:** Central
**Forma da base do caule:** Base do caule com micélio
**Forma do estipe:** Igual
**Natureza da tampa:** Pregueada / **minuciosa** rugoso
**Substrato (Habitat):** Em folhagem/madeira
***Marasmiellus* sp (Prato 31)**
**Classe**: Agaricomycetes
**Ordem**: Agaricales
**Família**: Marasmiaceae
**Anel:** Ausente
**Volva:** ausente
**Anexo Gill:** Adnate
**Espaçamento entre as brânquias:** Distante
**Margem do píleo:** Plicada
**Margem do píleo em secção:** Recurvado

**Morfologia do gorro:**
Campanulado a plano
**Fixação de estipe:** Central
**Forma da base do caule:**
Ventricose fusiforme
**Forma do estipe:** Flexível
**Natureza da tampa:** Rugoso
**Substrato (Habitat):** Lixo/húmus
***Humidicutis mavis* (Prato 32)**
**Classe**: Agaricomycetes
**Ordem**: Agaricales
**Família**: Hygrophoraceae
**Nome binomial:** *Humidicutis mavis*
(G.Stev.) A.M.Young (2005)
**Altura total:** 63 a 70 mm
**Comprimento da haste:** 52 a 64 mm
**Largura da tampa**: 50mm
**Anel:** Ausente
**Volva:** ausente
**Anel de fixação:** Emarginada
**Espaçamento entre as brânquias:** Distante
**Margem do píleo:** Rimosa/rachada
**Margem do píleo em secção:** Reta
**Morfologia do chapéu:** Cónico e branco
**Fixação de estipe:** Central
**Forma da base do caule:** Cónico
**Superfície do caule:** viscoso
**Forma do estipe:** Igual
**Natureza da tampa:** Liso
**Impressão de esporos:** Branco
**Substrato (Habitat):** No chão (Solo)
***Psathyrella* sp2 (Prato 33)**
**Classe:** Agaricomycetes
**Ordem:** Agaricales
**Família:** Psathyrellaceae
**Anel:** Ausente
**Volva:** ausente
**Anexo Gill:** Anexado
**Espaçamento entre as brânquias:** Subdistante
**Margem do píleo:** recortada/ondulada
**Margem do píleo em secção:** Plano
**Morfologia do chapéu:** Convexo
**Fixação de estipe:** Central
**Forma da base do caule:** Igual
**Forma do estipe:** Flexível
**Natureza da tampa:** Rugulose
**Substrato (Habitat):** Madeira
***Mycena* sp (Prato 34)**

**Classe**: Agaricomycetes
**Ordem**: Agaricales
**Família**: Mycenaceae
**Anel:** Ausente
**Volva:** ausente
**Anexo Gill:** Livre à distância
**Espaçamento entre as brânquias:** Subdistante
**Margem do píleo:** Plicada
**Margem do píleo em secção:** Plano
**Morfologia do chapéu:** Infundibuliforme (em forma de funil pouco profundo)
**Fixação de estipe:** Central
**Forma da base do caule:** Igual
**Forma do estipe:** Igual
**Natureza da tampa:**
Rugulose (rugas finas)
**Substrato (Habitat):** no solo (Soil)
***Mycena* sp2 (Prato 35)**
**Classe**: Agaricomycetes
**Ordem**: Agaricales
**Família**: Mycenaceae
**Anel:** Ausente
**Volva:** ausente
**Fixação da anilha:** Estreitamente livre
**Espaçamento entre anéis:** Aglomerado
**Margem do píleo:** Ondulada
**Margem do píleo em secção:** Reta **Morfologia do chapéu:** Campanulado
**Fixação de estipe:** Central
**Forma da base do caule:** Oblíqua
**Forma do estipe:** Afunilado em direção à guelra
**Natureza da capa:** Escamosa
**Substrato (Habitat):** Lixo/Húmus
***Hygrocybe conica* (Prato 36)**
**Classe**: Agaricomycetes
**Ordem**: Agaricales
**Família:** Hygrophoraceae
**Nome binomial:** *Hygrocybe conica*
(Schaeff.) P.Kumm. (1871)
**Anel:** Ausente
**Volva:** ausente
**Anexo Gill:** Livre
**Espaçamento entre as brânquias:** Subdistante
**Margem do píleo:** Ligeiramente estriada
**Margem do píleo em secção:** Reta
**Morfologia do chapéu:** Cónico
**Fixação de estipe:** Central
**Forma da base do caule:** Clavado
**Forma do estipe:** Em forma de taco
**Natureza da tampa:** Liso

**Substrato (Habitat):** No chão (Solo)
***Hygrocybe* sp (placa 37)**
**Classe**: Agaricomycetes
**Ordem**: Agaricales
**Família:** Hygrophoraceae
**Anel:** Ausente
**Volva:** ausente
**Anexo Gill:** Adnate
**Espaçamento entre as brânquias:** Distante
**Margem do píleo:**
Ondulado e ligeiramente rachado
**Margem do píleo em secção:** Reta
**Morfologia da tampa:** Plano
**Fixação de estipe:** Central
**Forma da base do caule:** Clavado
**Forma do estipe:** Em forma de taco
**Natureza da tampa:** Liso
**Substrato (Habitat):** No chão (solo)|

**Placa 26: *Coprinus lagopus***

**Placa 27:** ***Termitomyces microcarpus***

**Placa 28:** ***Megacollybia*** **sp**

**Placa 29:** ***Psathyrella*** **sp**

**Placa 30:** ***Marasmius*** **sp**

**Placa 31:** ***Marasmiellus*** **sp**

**Placa 32:** ***Humidicutis mavis***

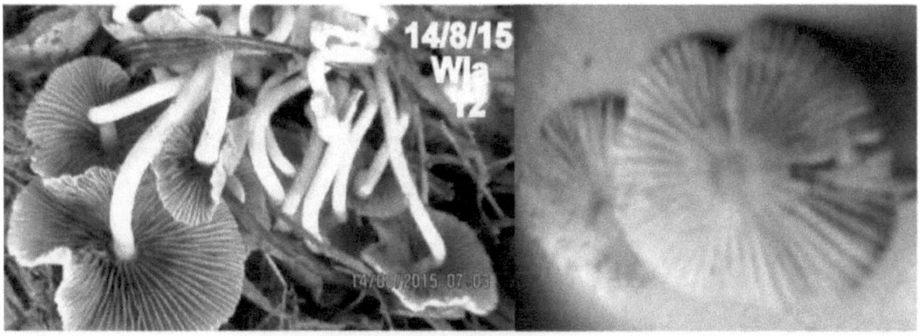


Placa 33: *Psathyrella* sp2

Placa 34: *Mycena* spl

Placa 35: *Mycena* sp2

Placa 36: *Hygrocybe conica*

Placa 37: *Hygrocybe* sp

**Naucoróide Tipo de estatura**

***Parasola* sp (Prato 38)**
**Classe**: Agaricomycetes
**Ordem**: Agaricales
**Família**: Psathyrellaceae
**Anel:** Ausente
**Volva:** ausente
**Anexo Gill:** Decorrente
**Espaçamento entre as brânquias:** Subdistante
**Margem do píleo:** Plicada
**Margem do píleo em secção:** Reta
**Morfologia da tampa:** Umbilicado
**Fixação de estipe:** Central
**Forma da base do caule:** Clavado
**Forma do estipe:** Igual
**Natureza da capa:** Rugulose (rugas finas)
**Substrato (Habitat):** No chão (solo)
***Coprinus* sp (Prato 39)**
**Classe**: Agaricomycetes
**Ordem**:Agaricales
**Família**: Agaricaceae/Psathyrellaceae
**Anel:** Ausente
**Volva:** ausente
**Anexos de Gill:** Sinuosa
**Espaçamento entre as brânquias:** Subdistante
**Margem do píleo:** Plicada
**Margem do píleo em secção:** Reta
**Morfologia do chapéu:** Convexo
**Fixação de estipe:** Central
**Forma da base do caule:** Igual
**Forma do estipe:** Igual
**Natureza da tampa:** Fibrilose / Floccose
**Substrato (Habitat):**
No chão (solo)

*Pluteus* sp (Prato 40)
**Classe:** Agaricomycetes
**Ordem:** Agaricales
**Família:** Pluteaceae
**Anel:** Ausente
**Volva:** ausente
**Anexo Gill:** Livre de proximidade
**Espaçamento entre anéis:** Aglomerado
**Margem do píleo:** Plicada
**Margem do píleo em secção:** Plano
**Morfologia do chapéu:** Convexo
**Fixação de estipe:** Central
**Forma da base do caule:** Clavado
**Forma do estipe:** Em forma de taco
**Natureza da tampa:**
Rugulose (rugas finas)
**Substrato (Habitat):** No chão (Solo)
***Hygrophorus* sp2 (Prato 41)**
**Classe**: Agaricomycetes
**Ordem**: Agaricales
**Família**: Hygrophoraceae
**Anel:** Ausente
**Volva:** ausente
**Anexo Gill:** Livre
**Espaçamento entre anéis:** Aglomerado
**Margem do píleo:** Rimosa/rachada
**Margem do píleo em secção:** Reta
**Morfologia do gorro:**
Convexo com uma depressão pouco profunda (os bordos são frequentemente fendidos com a idade)
**Fixação de estipe:** Central
**Forma da base do caule:** Igual
**Forma do estipe:** Igual
**Natureza da tampa:** Escalas planas
**Substrato (Habitat):** No chão (solo)

**Placa 38:** ***Parasola* sp**

**Placa 39:** ***Coprinus*** **sp**

**Placa 40:** ***Pluteus*** **sp**

**Placa 41:** ***Hygrophorus*** **sp2**

**Placa 42:** ***Hygrophorus*** **sp3**

**Omphalinoid Tipo de estatura**

*Lactarius* **sp3 (placa 43)**
**Classe**: Agaricomycetes
**Ordem**: Russulales
**Família**: Russulaceae
**Anel:** Ausente
**Volva:** ausente
**Anexo de Gill:** Sub-decorrente
**Espaçamento entre as brânquias:** Subdistante
**Margem do píleo:** Ondulada
**Margem do píleo em secção:**
Incurvo/Decurvo
**Morfologia do chapéu:** Deprimido
**Fixação de estipe:** Central
**Forma da base do caule:** Igual
**Forma do estipe:** Igual
**Natureza da tampa:** Ligeiramente aveludado
**Impressão de esporos:** Do branco ao creme
**Substrato (Habitat):** No chão (Solo)
*Lactarius* **sp4 (Prato 44)**
**Classe**: Agaricomycetes
**Ordem**: Russulales
**Família**: Russulaceae
**Anel:** Ausente
**Volva:** ausente
**Anexo de Gill:** Sub-decorrente
**Espaçamento entre as brânquias:** Distante
**Margem do píleo:** recortada/ondulada
**Margem do píleo em secção:** Plano
**Morfologia do chapéu:** Infundibuliforme
**Fixação de estipe:** Central
**Forma da base do caule:** Clavado
**Forma do estipe:** Em forma de taco **Natureza do chapéu:** Ligeiramente aveludado
**Substrato (Habitat):** No chão (Solo)
*Lactarius* **sp5 (placa 45)**
**Classe**: Agaricomycetes
**Ordem**: Russulales
**Família**: Russulaceae
**Altura total:** 43 a 75 mm
**Comprimento da haste:** 30 a 55mm
**Largura da tampa**: 55 a 67 mm
**Anel:** Ausente
**Volva:** ausente
**Anexo Gill:** Adnate
**Espaçamento entre as brânquias:** Distante
**Margem do píleo:** Crenada
**Margem do píleo em secção:** Reta

**Morfologia do chapéu:** Deprimido e amarelo (centro mais escuro e bordo mais claro) **Ornamentação da superfície do chapéu**: Liso **Fixação da lâmina:** Central
**Forma da base do caule:** Igual
**Superfície do caule: Amarela**
**Forma do estipe:** Igual
**Natureza da tampa:** Ligeiramente aveludado
**Substrato (Habitat):** No chão (Solo)
***Lactarius* sp6 (Prato 46)**
**Classe**: Agaricomycetes
**Ordem**: Russulales
**Família**: Russulaceae
**Anel:** Ausente
**Volva:** ausente
**Anexo de Gill:** Sub-decorrente
**Espaçamento entre as brânquias:** Distante
**Margem do píleo:** Crenada
**Margem do píleo em secção:** Reta
**Morfologia do gorro:**
Deprimido a Infudibuliforme com a idade
**Fixação de estipe:** Central
**Forma da base do caule:** Clavado
**Forma do estipe:** Em forma de taco **Natureza do chapéu:** Ligeiramente aveludado **Substrato (Habitat):** No chão (Solo)
***Lactifluus* sp (*Lactarius* sp) (Prato 47)**
**Classe:** Agaricomycetes
**Ordem**: Russulales
**Família**: Russulaceae
**Anel:** Ausente
**Volva:** ausente
**Anexo Gill:** Decorrente
**Espaçamento entre as brânquias:** Distante
**Margem do píleo:**
Ondulado (ondulado) e crenado
**Margem do píleo em secção:** Plano
**Morfologia do chapéu:** Infudibuliforme
**Fixação de estipe:** Central
**Forma da base do caule:** Igual
**Forma do estipe:** Igual
**Substrato (Habitat):** No chão (Solo)
***Cantharellus* sp (Prato 48)**
**Classe**: Agaricomycetes
**Ordem**: Cantharellales
**Família**: Cantharellaceae
**Altura total:** 55mm
**Comprimento da haste:** 30mm
**Largura da tampa**: 9mm
**Anel:** Ausente
**Volva:** ausente

**Anexo Gill:** Decorrente
**Espaçamento entre as brânquias:** Distante
**Margem do píleo:**
Ondulante (ondulado)
**Margem do píleo em secção:** Arqueada
**Morfologia do chapéu:** Infundibuliforme
**Superfície da tampa:** Laranja enrugado
**Fixação de estipe:** Central
**Forma da base do caule:** Igual
**Forma do estipe:** Igual
**Superfície do caule:** Laranja claro
**Ornamentação da superfície do caule**; liso
**Natureza da tampa:** Ligeiramente aveludado
**Substrato (Habitat):** No chão (Solo)
***Lactarius* sp7 (placa 49)**
**Classe**: Agaricomycetes
**Ordem**: Russulales
**Família**: Russulaceae
**Altura total:** 85 a 105 mm
**Comprimento da haste:** 44 a 50 mm
**Largura da tampa**: 110 a 113 mm **Anel:** Ausente
**Volva:** ausente
**Anexo Gill:** Adnate
**Espaçamento entre as brânquias:** Distante
**Margem do píleo:**
Ondulado (ondulado) e crenado
**Margem do píleo em secção:**
Plano para recurvo
**Morfologia do chapéu:** Infundibuliforme
**Superfície da tampa**:
Laranja muito claro escurecido no centro
**Anexo Stipe:**
Central e excêntrico (fora do centro)
**Forma da base do caule:** Clavada a afunilada **Forma do estipe:** Igual à forma de taco
**Superfície do caule:** Branca e lisa **Natureza do chapéu:** Ligeiramente aveludado
**Substrato (Habitat):** No chão (Solo)
***Lactarius* sp8 (placa 50)**
**Classe**: Agaricomycetes
**Ordem**: Russulales
**Família**: Russulaceae
**Anel:** Ausente
**Volva:** ausente
**Anexo Gill:** Adnate
**Espaçamento entre as brânquias:** Distante
**Margem do píleo:**
Crenado e ondulado (ondulado)
**Margem do píleo em secção:** Reta **Morfologia do chapéu:** Deprimida **Fixação da estípula:** Central **Forma da base do caule:** Cónico

**Forma do estipe:** Igual **Natureza do chapéu:** Aveludado
**Impressão de esporos:**
**Substrato (Habitat):** No solo
(Solo)

***Cantharellus* sp2 (Prato 51)**

**Classe**: Agaricomycetes
**Ordem**: Cantharellales
**Família**: Cantharellaceae
**Anel:** Ausente
**Volva:** ausente
**Anexo de Gill:** Sub-decorrente
**Espaçamento entre as brânquias:** Distante
**Margem do píleo:**
Sulcato (com ranhuras)
**Margem do píleo em secção:** Arqueada
**Morfologia do chapéu:** Infundibuliforme
**Fixação de estipe:** Central
**Forma da base do caule:** Igual
**Forma do estipe:** Igual
**Natureza da tampa:** Liso
**Substrato (Habitat):** No chão (Solo)

***Craterellus* sp (Prato 52)**

**Classe:** Agaricomycetes
**Ordem**: Cantharellales
**Família**: Cantharellaceae
**Anel:** Ausente
**Volva:** ausente
**Anexo de Gill:** Sub-decorrente
**Espaçamento entre as brânquias:** Distante
**Margem do píleo:**
Ondulado (ondulado) e recortado (crenado)
**Margem do píleo em secção:** Reta
**Morfologia do chapéu:** Infundibuliforme
**Fixação de estipe:** Central
**Forma da base do caule:** Cónico
**Forma do estipe:**
Afunilamento em direção à base
**Natureza do chapéu:** Rugoso (enrugado)
**Substrato (Habitat):** No chão (Solo)

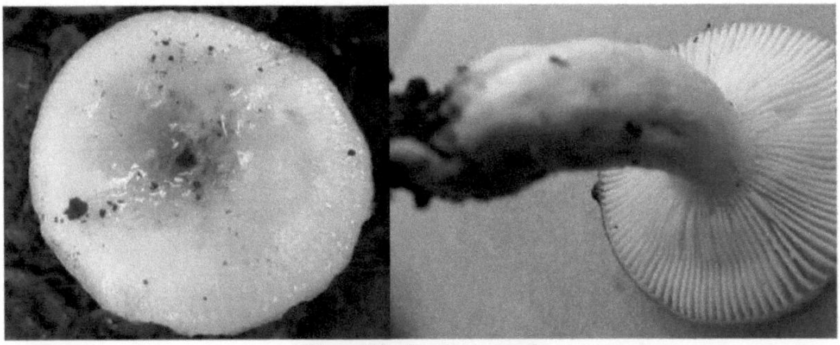

Placa 43: *Lactarius* sp3

Placa 44: *Lactarius* sp4

Placa 45: *Lactarius* sp5

Placa 46: *Lactarius* sp6

Placa 47: *Lactifluus* sp

Placa 48: *Cantharellus* sp

Placa 49: *Lactarius* sp7

Placa 50: *Lactarius* sp9

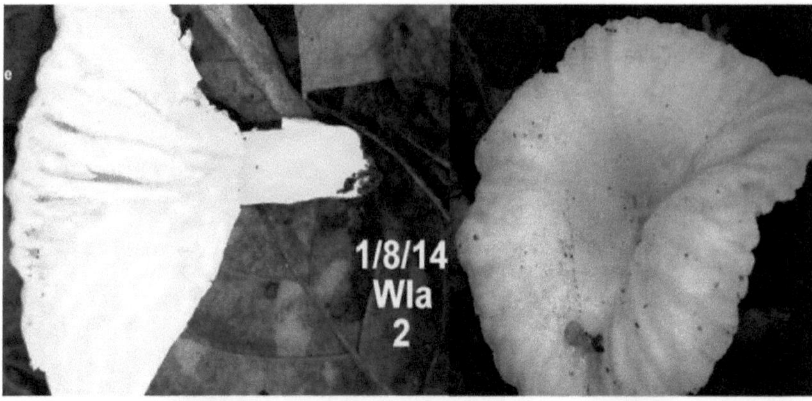


**Placa 51:** ***Cantharellus*** **sp2**

**Placa 52:** ***Craterellus*** **sp**

**Tipo de estatura pleurotóide**

***Lentinus* sp (placa 53)**
**Classe**: Agaricomycetes
**Ordem**: Polyporales
**Família**: Polyporaceae
**Anel:** Ausente
**Volva:** ausente
**Anexo Gill:** Decorrente
**Espaçamento entre anéis:** Aglomerado
**Margem do píleo:** lisa
**Margem do píleo em secção:** Reta
**Morfologia do chapéu:** Deprimido
**Fixação de estipe:** Central / Excêntrico
**Forma da base do caule:**
Ligações fixas
**Forma do estipe:** Igual
**Natureza da tampa:** Escalas elevadas
**Substrato (Habitat):** Em madeira

***Lentinus* sp2 (Prato 54)**
**Classe**: Agaricomycetes
**Ordem**: Polyporales
**Família**: Polyporaceae
**Anel:** Ausente
**Volva:** ausente
**Anexo Gill:** Decorrente
**Espaçamento entre anéis:** Aglomerado
**Margem do píleo:** lisa
**Margem do píleo em secção:**
inrolado no início para decurvar com a idade
**Morfologia do chapéu:** Deprimido
**Anexo Stipe:**
Central e excêntrico
**Forma da base do caule:**
Ligações fixas
**Forma do estipe:** Igual
**Natureza da tampa:** Escalas elevadas
**Substrato (Habitat):** Em madeira

***Pleurotus* sp (Prato 55)**
**Classe**: Agaricomycetes
**Ordem**: Agaricales
**Família:** Pleurotaceae
**Anel:** Ausente
**Volva:** ausente
**Anexo Gill:** Decorrente
**Espaçamento entre as brânquias:** Fechadas
**Margem do píleo:**
Estriado e Rimoso/Fissurado

**Margem do píleo em secção:** Arqueada **Morfologia do chapéu:** Infundibuliforme **Fixação do estipe:** Central /Ecêntrica
**Forma da base do caule:** Igual
**Forma do estipe:** Igual
**Natureza da tampa:** Liso
**Substrato (Habitat):** Em madeira
***Pleurotus* sp2 (Prato 56)**
**Classe**: Agaricomycetes
**Ordem**: Agaricales
**Família:** Pleurotaceae
**Altura total:** 75mm
**Comprimento da haste:** 68mm
**Largura da tampa**: 15 a 25 mm
**Anel:** Ausente
**Volva:** ausente
**Anexo Gill:** Decorrente
**Espaçamento entre anéis:** Aglomerado
**Margem do píleo:** lisa
**Margem do píleo em secção:** Inrolada **Morfologia do chapéu:** Ligeiramente deprimido **Fixação da lâmina:** Central
**Forma da base do caule:**
Ligações fixas
**Forma do estipe:** Igual
**Natureza do chapéu:** Escamosa (escamosa)
**Substrato (Habitat):** Em madeira
***Lentinus* sp3 (Prato 57)**
**Classe**: Agaricomycetes
**Ordem**: Polyporales
**Família**: Polyporaceae
**Anel:** Ausente
**Volva:** ausente
**Anexo Gill:** Decorrente
**Espaçamento entre anéis:** Aglomerado
**Margem do píleo:** lisa e ondulada (ondulada)
**Margem do píleo em secção:** Incurvo
**Morfologia do gorro:**
Infundibuliforme (em forma de funil)
**Anexo Stipe:** Excêntrico
**Forma da base do caule:** Igual
**Forma do estipe:** Igual
**Natureza do chapéu:** Escamosa (escamosa)
**Substrato (Habitat):** Em madeira
***Lentinus squarrosulus* Mont. 1842**
**(Prato 58)**
**Classe**: Agaricomycetes
**Ordem**: Polyporales
**Família**: Polyporaceae
**Nome binomial:** *Lentinus squarrosulus*

*Mont. 1842*
**Altura total:** 33 a 73 mm
**Comprimento da haste:** 27 a 78 mm
**Largura da tampa**: 61 a 146 mm
**Anel:** Ausente
**Volva:** ausente
**Anexo Gill:** Decorrente
**Espaçamento entre anéis:** Aglomerado
**Margem do píleo:** lisa/ondulada
**Margem do píleo em secção:** enrolada
**Morfologia da tampa:** Forma de vida Infundibu
**Superfície da tampa e carne:**
Branco e resistente
**Anexo Stipe:** Excêntrico
**Forma da base do caule:** Igual
**Ornamentação da superfície:** Escamosa
**Forma do estipe:** Igual
**Natureza da tampa:** Escalas elevadas
**Substrato (Habitat):** Em madeira
***Schizophyllum commune*** **(Prato 59) Classe:** Agaricomycetes
**Ordem:** Agaricales
**Família:** Schizophyllaceae
**Nome binomial:**
*Schizophyllum commune* Fries (1815)
**Anel:** Ausente
**Volva:** ausente
**Brânquias:** Dobras semelhantes a brânquias que se dividem para baixo **Margem do píleo: Rimosa/rachada Margem do píleo em secção:** Incurvo **Morfologia do chapéu:** em forma de concha ou de leque **Fixação do estipe:** Caule geralmente ausente (Séssil)
**Natureza do gorro:** Seco e coberto por pêlos finos e finos
**Substrato (Habitat):** Em madeira
***Pleurotus tuber-regium*** **(Prato 60) Classe**: Agaricomycetes
**Ordem**: Agaricales
**Família**: Pleurotaceae
**Nome binomial**:
*Pleurotus tuber-regium* (Rumph. ex Fr.)
Cantor 1951
**Anel:** Ausente
**Volva:** ausente
**Anexo Gill:** Decorrente
**Espaçamento entre anéis:** Aglomerado
**Margem do píleo:** Rimosa/rachada **Margem do píleo em secção:** Recurvada **Morfologia do chapéu:**
Infundibuliforme (em forma de funil)
**Fixação de estipe:** Central
**Forma da base do caule:** Abruptamente bulboso
**Forma do estipe:** Igual
**Natureza da tampa:** Peluda

**Substrato (Habitat):**
No chão (Solo)
***Pleurotus ostreatus* (Prato 61)**
**Classe**: Agaricomycetes
**Ordem**: Agaricales
**Família**: Pleurotaceae
**Nome binomial**: *Pleurotus ostreatus*
(Jacq.) P. Kumm. 1871
**Anel:** Ausente
**Volva:** ausente
**Anexo Gill:** Decorrente
**Espaçamento entre anéis:** Aglomerado
**Margem do píleo:** lisa
**Margem do píleo em secção:** enrolada
**Morfologia do chapéu:** Deprimido
**Fixação de estipe:** Central
**Forma da base do caule:**
Ligações fixas
**Forma do estipe:** Igual
**Natureza da tampa:** Escamosa escamosa
**Substrato (Habitat):** Em madeira
***Lentinus tigrinus* (Prato 62)**
**Classe**: Basidiomicetos
**Ordem**: Polyporales
**Família**: Polyporaceae
**Nome binomial:**
*Lentinus tigrinus* (Bull.) Fr. (1825)
**Anel:** Ausente
**Volva:** ausente
**Anexo Gill:** Decorrente
**Espaçamento entre anéis:** Aglomerado
**Margem do píleo:**
Suave e ondulante
**Margem do píleo em secção:** Plana **Morfologia do chapéu:** Infundibuliforme
**Anexo Stipe:** Excêntrico
**Forma da base do caule:**
Ligação de aperto
**Forma do estipe:** Igual
**Natureza da tampa:** Escamosa escamosa
**Substrato (Habitat):** Em madeira
***Lenzites sp* (Prato 63)**
**Classe**: Agaricomycetes
**Ordem**: Polyporales
**Família**: Polyporaceae
**Anel:** Ausente
**Volva:** ausente
**Anexo Gill:** Subdecorrente
**Espaçamento entre as brânquias:** Cheio (finamente)

**Margem do píleo:** Ondulada
**Margem do píleo em secção:** Plano
**Capa:** Em forma de leque; superficialmente deprimido, seco; a margem é plana
**Caule:** Lateral
**Polpa:** ligeiramente mole quando jovem, mas rapidamente se torna cortiça e dura, especialmente no caule
**Substrato (Habitat):**
Vive em madeira em decomposição
***Lenzites elegans* (Prato 64)**
**Classe**: Basidiomicetos
**Ordem**: Polyporales
**Família**: Polyporaceae
**Nome binomial**: *Lenzites elegans* (Spreng.) Pat., (1900)
**Anel:** Ausente
**Volva:** ausente
**Chapéu:** em forma de leque; superficialmente deprimido, seco; a margem é plana
**Haste:** Sem ponta
**Carne:** seca
**Superfície dos poros**:
angular e frequentemente irregular
**Substrato (Habitat):**
Vive em madeira em decomposição
***Gloeophyllum abietinum* (Prato 65)**
**Classe**: Agaricomycetes
**Ordem**: Gloeophyllales
**Família**: Gloeophyllaceae
**Nome binomial**:
*Gloeophyllum sepiarium* (Wulfen) P.
Karst. (1882)
**Forma dos esporocarpos:** Em forma de leque
**Altura total:** 70mm
**Largura da tampa:** 67 mm
**Cor do chapéu:** esbranquiçado
**Caule:** Ausente
**Cor das guelras:** Mais claras
**O chapéu** tem uma textura de superfície seca e uma ornamentação de superfície enrugada, uma margem direita e uma consistência de polpa dura
**Substrato (Habitat):**
Vive em madeira em decomposição
***Crepidotus* sp (Prato 66)**
**Classe**: Agaricomycetes
**Ordem**: Agaricales
**Família**: Crepidotaceae / Inocybaceae
**Anel:** Ausente
**Volva:** ausente
**Anexo Gill:** Decorrente
**Espaçamento entre as brânquias:** Fechadas
**Margem do píleo:** Ondulada e crenada

**Margem do píleo em secção:** Reta
**Morfologia do chapéu:** Infundibuliforme (em forma de funil raso)
**Fixação do estilete:** Lateral
**Forma da base do caule:** Cónico
**Forma do estipe:** Igual
**Natureza da tampa: Liso**
**Substrato (Habitat):** Em madeira

***Pleurotus* sp3 (Prato 67)**
**Classe**: Agaricomycetes
**Ordem**: Agaricales
**Família**:Pleurotaceae
**Anel:** Ausente
**Volva:** ausente
**Espaçamento entre anéis:** Aglomerado
**Margem do píleo:** Ondulada
**Margem do píleo em secção:** Plano / recurvo
**Fixação de estipe:** Sem ponta
**Natureza da tampa:** Liso
**Substrato (Habitat):** Preso à madeira

Placa 53: *Lentinus* sp

Placa 54: *Lentinus* sp2

Placa 55: *Pleurotus* sp

Placa 56: *Pleurotus* sp2

Placa 57: *Lentinus* sp3

Placa 58: *Lentinus squarrosulus*

Placa 59: *Schizophyllum commune*

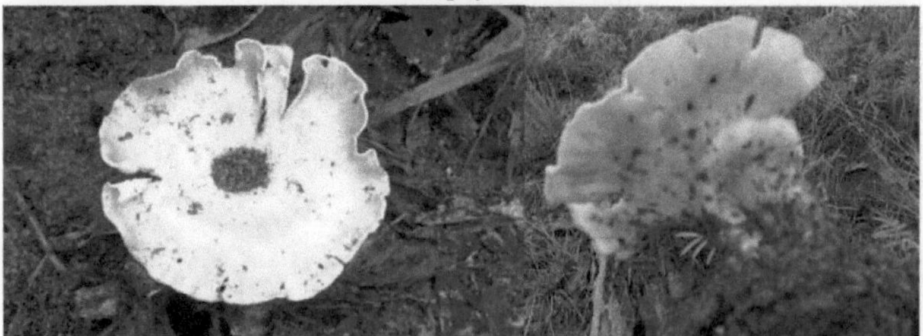

Placa 60: *Pleurotus tuber-regium*

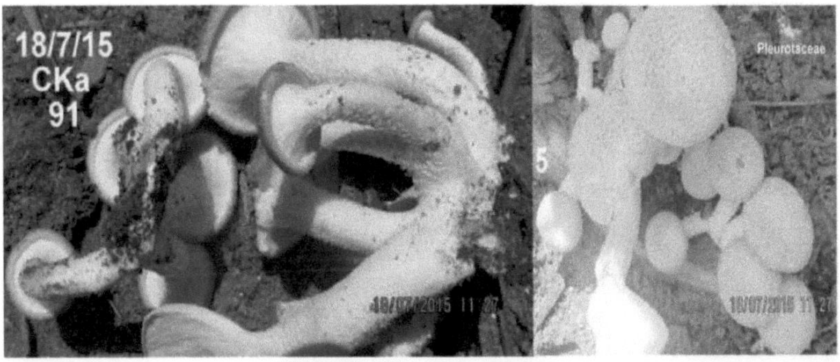


Placa 61: ***Pleurotus ostreatus***

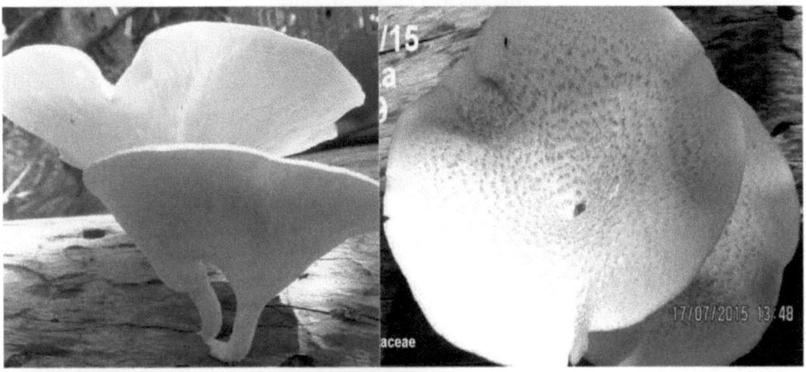


Placa 62: ***Lentinus tigrinus***

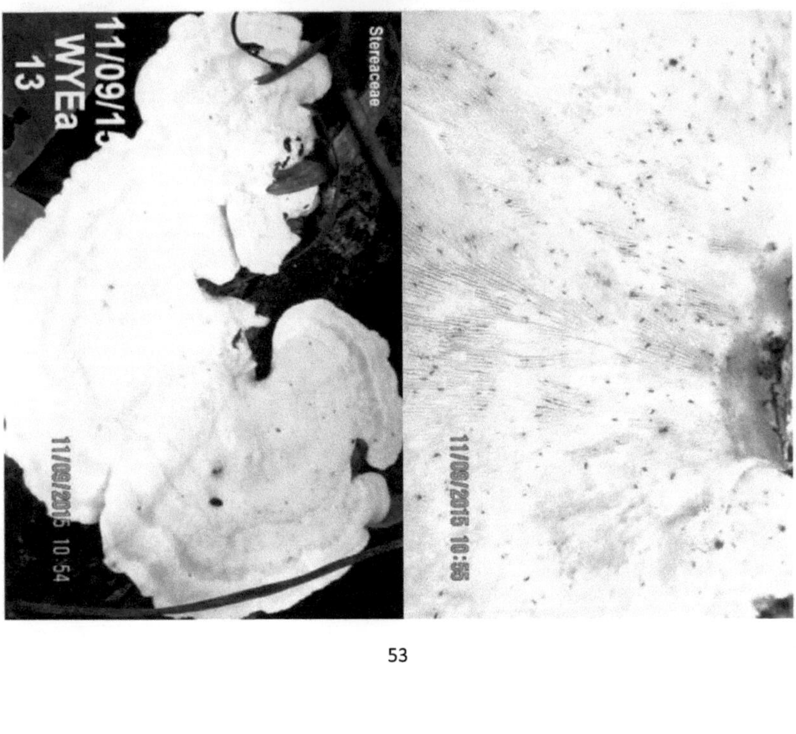

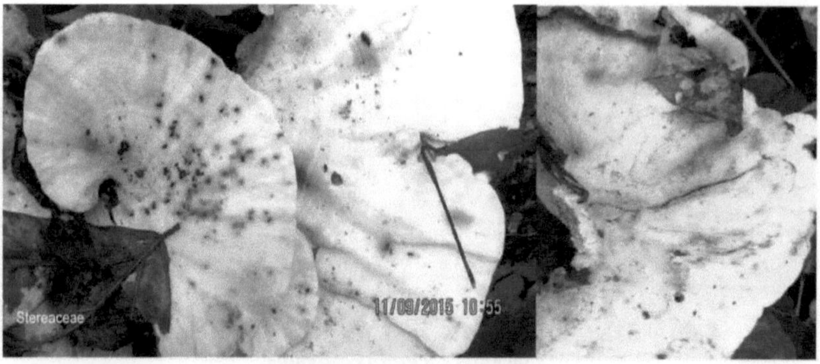


**Placa 63:** ***Lenzites elegans***

**Placa 64:** ***Lenzites sp***

**Placa 65:** ***Gloeophyllum abietinum***

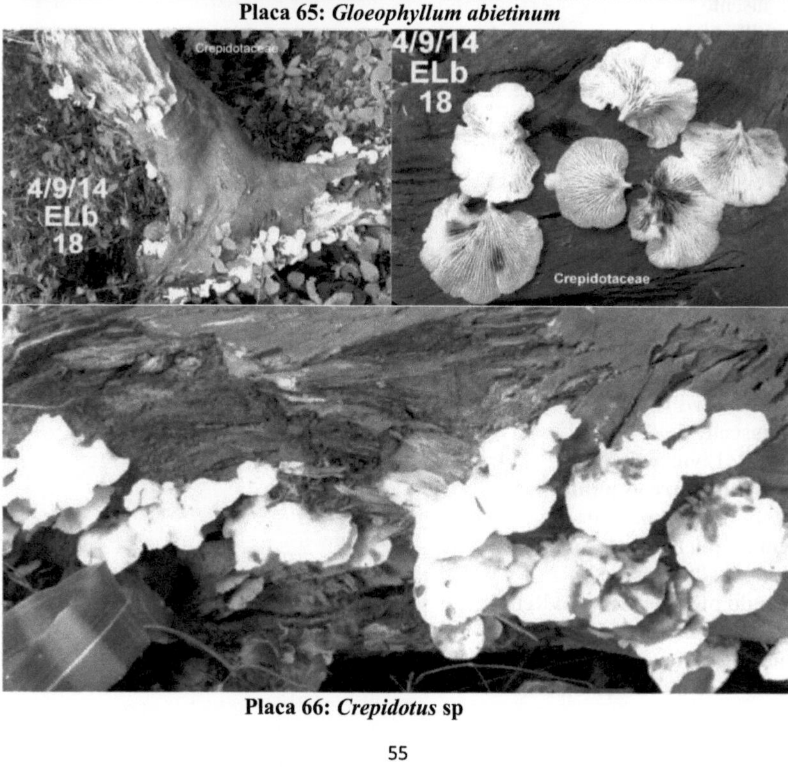


**Placa 66:** ***Crepidotus*** **sp**

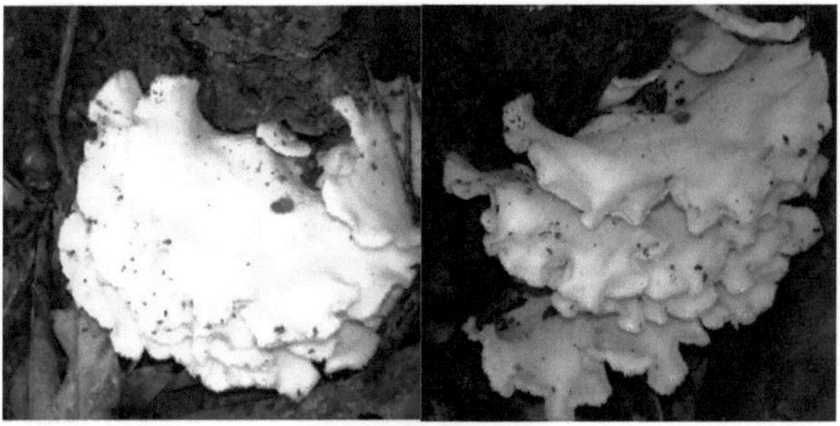

Placa 67: *Pleurotus* sp3

**Tipo de Estatura Pluteotóide**

***Bolbitius* sp (Prato 68)**
**Classe**: Agaricomycetes
**Ordem**: Agaricales
**Família**: Bolbitiaceae **Ânulo:** Ausente
**Volva:** ausente
**Anexo Gill:** Anexado
**Espaçamento entre anéis:** Aglomerado
**Margem do píleo:** Plicada
**Margem do píleo em secção:** Plano
**Morfologia do chapéu:** Campanulado
**Fixação de estipe:** Central
**Forma da base do caule:** Clavado
**Forma do estipe:** Em forma de taco
**Natureza da tampa:** Fibrilhante (mole)
**Substrato (Habitat):** No solo
***Bolbitius titubans* (Prato 69) Classe**: Agaricomycetes **Ordem**: Agaricales
**Família**:Bolbitiaceae
**Nome binomial**:
*Bolbitius titubans* (Bull.) Fr., 1838 **Ânulo:** Ausente
**Volva:** ausente
**Anexo Gill:** Livre à distância
**Espaçamento entre as anilhas:**
Cheio para fechar com a idade
**Margem do píleo:**
Rimose (rachado) e estriado
**Margem do píleo em secção:** Reta
**Morfologia do chapéu:** Convexo
**Fixação de estipe:** Central
**Forma da base do caule:** Clavado

**Forma do estipe:** Em forma de taco **Natureza do chapéu:** Liso/Rugoso **Substrato (Habitat):** No solo

***Lepiota cristata* (Prato 70)**

**Classe**: Agaricomycetes
**Ordem**: Agaricales
**Família**: Agaricaceae
**Nome binomial:**
*Lepiota cristata* (Bolton) P.Kumm. (1871)
**Anel:** Ausente
**Volva:** ausente
**Fixação da anilha:** Estreitamente livre
**Espaçamento entre anéis:** Aglomerado
**Margem do píleo:**
Ondulante (ondulado)
**Margem do píleo em secção:** Plano
**Morfologia do chapéu:** Deprimido
**Fixação de estipe:** Central
**Forma da base do caule:** Igual
**Forma do estipe:** Igual
**Natureza da tampa:** Escalas planas
**Substrato (Habitat):**No chão (Solo)

**Placa 68: *Bolbitius* sp**

**Placa 69:** ***Bolbitius titubans***

**Placa 70:** ***Lepiota cristata***

**Tipo de estatura tricolomatóide**

***Termitomyces clypeatus* (placa 71)**
**Classe:** Agaricomycetes
**Ordem:** Agaricales
**Família:** Lyophyllaceae
**Nome binomial:** ***Termitomyces clypeatus*** R. Heim 1951
**Anel:** Ausente
**Volva:** ausente
**Fixação da anilha:** Estreitamente livre
**Espaçamento entre anéis:** Aglomerado
**Margem do píleo:** lisa quando jovem, ondulada e fissurada com a idade
**Margem do píleo em secção:** Reta
**Morfologia do chapéu:** Cónico a convexo com a idade
**Fixação de estipe:** Central
**Forma da base do caule:** Cónico
**Forma do estipe:** Igual
**Natureza do chapéu:** Liso quando jovem a rugoso (enrugado) com a idade
**Substrato (Habitat): No** chão (Solo)

***Umacella* sp (Prato 72)**
**Classe:** Agaricomycetes
**Ordem:** Agaricales
**Família:** Amanitaceae
**Anel:** Ausente
**Volva:** ausente
**Anexos de Gill:** Sinuosa
**Espaçamento entre as brânquias:** Fechadas
**Margem do píleo:** lisa
**Margem do píleo em secção:** Reta
**Morfologia do chapéu:** Convexo (pegajoso)
**Fixação de estipe:** Central
**Forma da base do caule:** Napiforme
**Forma do estipe:** Igual
**Natureza da tampa:** Liso e pegajoso
**Substrato (Habitat): No** chão (Solo)

**Placa 71: *Termitomyces clypeatus***

Placa 72: *Umacella* sp

### Tipo de estatura vaginatoide

***Amanita vaginata* (Prato 73)**
**Classe:** Agaricomycetes
**Ordem:** Agaricales
**Família:** Amanitaceae
**Nome binomial:** ***Amanita vaginata*** (Bull.) Lam. 1783
**Altura total:** 75mm
**Comprimento da haste:** 65 mm
**Largura da tampa:** 40mm
**Anel:** Ausente
**Volva:** Presente
**Anexo Gill:** Livre à distância
**Espaçamento entre anéis:** Aglomerado
**Margem do píleo:** estriada
**Margem do píleo em secção:** Reta
**Morfologia do chapéu:** Plano com superfície do chapéu e polpa brancas
**Fixação de estipe:** Central
**Forma da base do caule:** Revestimento
**Forma do estipe:** Afunilado em direção às brânquias
**Natureza da tampa:** Pruinose
**Odor:** Inodoro
**Substrato (Habitat):** No chão (Solo)

***Volvopluteus earlei* (Prato 74)**
**Classe:** Agaricomycetes
**Ordem:** Agaricales
**Família:** Pluteaceae
**Nome binomial:** ***Volvopluteus earlei*** (Murrill) Vizzini, Contu & Justo (2011)
**Anel:** Ausente
**Volva:** Presente
**Fixação da anilha:** Estreitamente livre
**Espaçamento entre anéis:** Aglomerado
**Margem do píleo:** Rimosa/rachada

**Margem do píleo em secção:** Reta
**Morfologia do chapéu:** Ovado a convexo com a idade
**Fixação de estipe:** Central
**Forma da base do caule:** Sacata
**Forma do estipe:** Em forma de taco
**Natureza da tampa:** Muito viscoso e desenvolve tonalidades castanhas claras com a idade.
**Substrato (Habitat):** No chão (Solo)

**Placa 73:** ***Amanita vaginata***

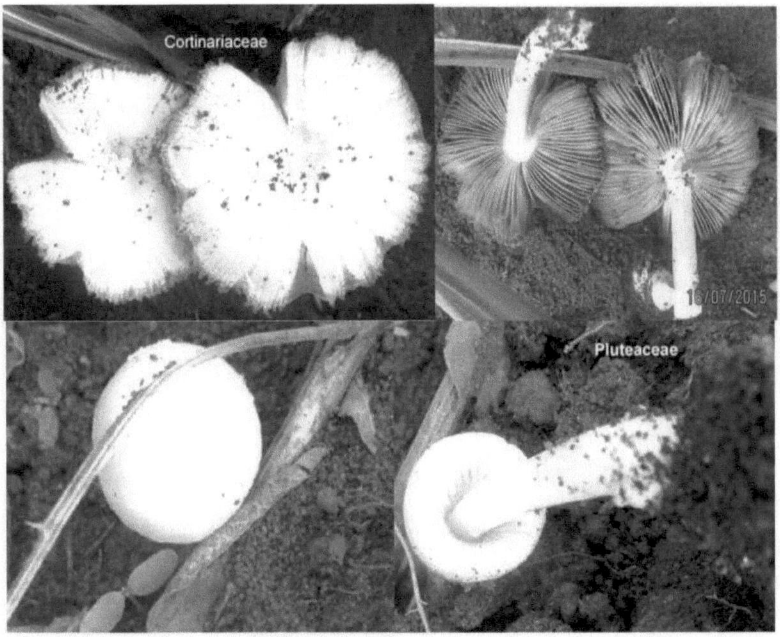


**Placa 74:** ***Volvopluteus earlei***

## Boletos

***Tapinella panuoides*** **(Prato 75)**
**Classe:** Agaricomycetes
**Encomendar:** Boletales
**Família:** Tapinellaceae
**Nome binomial:** ***Tapinella panuoides*** (Batsch) E.-J.Gilbert 1931
**Capulho:** Em forma de leque/concha; planoconvexo; seco; finamente aveludado quando jovem, mas por vezes tornando-se calvo com a idade;
**Margem do píleo em secção:** A margem do píleo é inicialmente enrolada, com um aspeto recortado.
**Brânquias:** Fechadas; com nervuras cruzadas, corrugadas, especialmente perto da base.
**Caule:** Ausente
**Impressão de esporos:**
**Substrato (Habitat):** Lixo/Húmus

**Placa 75:** ***Tapinella panuoides***

**Cogumelos não grelhados**

***Auricularia cornea***

**Classe:** Agaricomycetes

**Ordem:** Auriculariales

**Família:** Auriculariaceae

**Nome binomial:** ***Auricularia cornea*** Ehrenb., 1820

**Família:** Auriculariaceae (Pratos 76 e 77)

São em forma de orelha, lobadas, orbiculares e semi-transparentes. Os himenóforos (superfícies portadoras de esporos) são lisos, verrugosos e com veios. O corpo do fruto é coriáceo. O substrato é a madeira

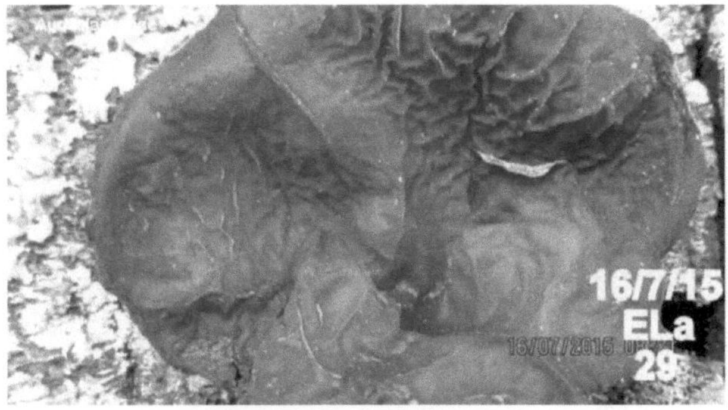


Placa 76: *Auricularia cornea*

Placa 77: *Auricularia* sp

***Leccinum rubropunctum* (Prato 78)**

**Classe:** Agaricomycetes

**Encomendar:** Boletales

**Família:** Boletaceae

**Nome binomial:** ***Leccinum rubropunctum*** (Peck) Singer, 1947

**Altura total:** 60 a 80 mm

**Comprimento da haste:** 55 a 68 mm

**Largura da tampa:** 42 a 65 mm

Cor: Superfície ocre, polpa amarelada, superfície dos poros amarelo dourado a cinzento esverdeado (com a idade)

**Caracteres do chapéu:** Forma amplamente convexa a elevada, margem do píleo lisa, textura superficial compacta, ornamentação superficial lisa, consistência carnuda

**Caracteres do caule:** Afunilado até ao ápice, esbranquiçado sob crostas cor-de-rosa, ornamentação superficial escabrosa

**Localização do retículo:** Não se pronuncia

**Anel:** Ausente

**Substrato:** No chão (Solo)

***Tylopilus* sp (Prato 79)**

**Classe:** Agaricomycetes

**Encomendar:** Boletales

**Família:** Boletaceae

**Cor:** Capuz rosado a castanho sujo, polpa do capuz branca a rosada na superfície dos poros, superfície do caule esbranquiçada sob crostas rosadas a avermelhadas e base branca com polpa do caule esbranquiçada, ornamentação rosa-avermelhada
**Caracteres do chapéu:** A superfície é seca, a ornamentação da superfície e a margem do píleo são lisas, a forma é convexa, a margem do píleo é reta em secção, a consistência é carnuda
**Caracteres do caule:** Base do caule bulbosa, igual ao longo do comprimento, textura da superfície seca e ornamentação da superfície finamente reticulada (em rede)
**Localização do retículo:** Apenas no ápice
**Anel:** Ausente
**Impressão de esporos:**
**Substrato:** No chão (Solo)
***Strobilomyces* sp (placa 80)**
**Classe:** Agaricomycetes
**Encomendar:** Boletales
**Família:** Boletaceae
**Altura total:** 54 mm
**Comprimento da haste:** 40mm
**Largura da tampa:** 36 mm
**Cor:** Superfície do chapéu amarela com manchas castanhas escuras e preto azulado (com a idade), polpa do chapéu amarela com uma camada de poros amarela mais escura que se torna castanha com a idade, superfície do caule amarela brilhante com manchas castanhas escuras e polpa do caule amarela clara
**Caracteres do chapéu:** Textura superficial seca, ornamentação superficial fibrilosa, forma convexa e consistência carnuda, possui escamas elevadas, apendiculadas
**Caracteres do caule:** Granuloso na base e igual (quando maduro), afunilando em direção ao poro (quando jovem), textura superficial polida, ornamentação superficial escamosa e escabrosa,
**Localização do retículo:** apenas no ápice
**Ânulo:** presente e membranoso
**Substrato:** No chão (Solo)
***Xerocomellus chrysenteron* (Prato 81)**
**Classe:** Agaricomycetes
**Encomendar:** Boletales
**Família** :Boletaceae
**Nome binomial:** ***Xerocomellus chrysenteron*** (Bull.) Sutara (2008)
**Capa:** Convexo, tornando-se amplamente convexo (com a idade); seco; finamente aveludado quando jovem; tornando-se fissurado com a idade,
**Superfície dos poros:** Amarela quando jovem, tornando-se acastanhada;
Caule: mais ou menos igual; sólido; amarelo em cima, róseo-avermelhado em baixo; com largas cristas longitudinais, seco, amarelado, com tonalidades avermelhadas que predominam geralmente na base.
**Polpa:** Esbranquiçada a amarela pálida quando jovem, amarela com a idade
**Substrato:** No solo (Solitário)
***Boletus subvelutipes* (Prato 82)**
**Classe:** Agaricomycetes
**Encomendar:** Boletales
**Família:** Boletaceae

**Nome binomial:** ***Boletus subvelutipes*** Peck (1889)

**Caraterísticas do chapéu:** O chapéu é inicialmente convexo, mas achatado com a idade, a margem do píleo é inteira, de secção reta. A superfície é seca, de cor castanho-canela. A superfície dos poros na parte inferior do chapéu é vermelho-marrom, a cor desvanece-se nos indivíduos mais velhos.

**Caracteres do caule:** Afunila no ápice, clavado, textura superficial seca, ornamentação superficial grosseiramente reticulada

**Localização do retículo:** Metade superior do caule

**Anel:** Ausente

**Substrato:** No chão (Solo)

**Placa 78:** ***Leccinum rubropunctum***

**Placa 79:** ***Tylopilus*** **sp**

**Placa 80:** ***Strobilomyces*** **sp**

**Placa 81:** ***Xerocomellus chrysenteron***

**Placa 82:** ***Boletus subvelutipes***

## *Clavulina* sp (placa 83)

**Classe:** Agaricomycetes

**Ordem:** Cantharellales

**Família:** Clavulinaceae

**Personagens:**

A altura total do cogumelo é de 30 a 40 mm, o esporocarpo é constituído por ramos brancos semelhantes a chifres, as pontas dos chifres são enegrecidas, o caule é de cor branca, que se torna castanho depois de magoado, a consistência da polpa do caule é oca e cartilaginosa emborrachada, a consistência dos ramos é fibrosa e carnuda, os rizomorfos estão ausentes. Tem um hábito de crescimento disperso e agrupado. Cresce em substrato de folhada/húmus

**Placa 83: *Clavulina* sp**

## *Ganoderma pfeifferi* (Prato 84)

**Classe:** Agaricomycetes

**Ordem:** Polyporales

**Família:** Ganodermataceae

**Nome binomial:** ***Ganoderma pfeifferi*** Bres. 1889

**Família:** Ganodermataceae

Corpo do fruto: Está largamente fixado, quase sempre na parte inferior do tronco de uma árvore adulta. Tem forma de leque e textura coriácea. O pedúnculo está ausente. A superfície superior é

vermelho-cobre, com estrias concêntricas e grumos
A superfície fértil está coberta de poros redondos de cor creme pálido, que se tornam creme mais escuro e depois ocre com manchas castanhas irregulares quando completamente maduros.
Tubos e poros: brancos quando o corpo do fruto é jovem, tornando-se ocres com a idade ou quando está ferido.
**Substrato (Habitat)** Agregado à base da madeira
***Ganoderma applanatum* (Prato 85)**
Classe: Agaricomycetes
Ordem: Polyporales
Família: Ganodermataceae
Nome binomial: ***Ganoderma applanatum*** (Pers.) Pat. 1889
**Altura total:** 100 mm
**Com tampa:** 190mm
Superfície do chapéu não envernizada, sulcada e irregular, com crostas castanhas;
O chapéu é em forma de leque, semicircular e irregular; tem uma crosta exterior não envernizada
**Superfície dos poros:** Branca, tornando-se acastanhada a azeitona com a idade; tubos em camadas
**Caule:** lateral e atarracado.
**Polpa:** castanha a castanha canela, muito dura.
**Substrato: Madeira**
***Ganoderma* sp (placa 86)**
**Classe:** Agaricomycetes
**Ordem:** Polyporales
**Família:** Ganodermataceae
**Forma de crescimento:** Simples
**Altura:** A altura total do cogumelo é de 100 mm, a espessura da polpa da tampa é de 50 mm e a largura da tampa é de 190 mm
**Esporocarpo:** Em forma de leque, cor da polpa e contusão branco-mogno que se torna castanho na parte inferior
**Hymenium:** Cor de chocolate escuro
**Textura do chapéu:** Higrofanoso sedoso
**Caule:** Lateral, afilado na base, textura sólida, cor de mogno, superfície castanha escura brilhante
**Substrato: Sobre madeira**
***Ganoderma lucidum* (Prato 87)**
**Classe:** Agaricomycetes
**Ordem:** Polyporales
**Família:** Ganodermataceae
**Nome binomial: *Ganoderma lucidum*** (Curtis) P. Karst., 1881
**Primódio:** 90 m de altura total, 42 mm de comprimento, 15 mm de largura do chapéu e 17 mm de espessura da polpa do chapéu, a cor da polpa é branca no exterior (mogno no interior), a cor do chapéu é branca, a cor do himénio (superfície portadora de esporos) é castanha escura, enquanto a textura do chapéu é gigrofana. O caule está presente, de textura sólida e superfície lisa
**Amostra amadurecida**
**Chapéu:** no início irregularmente nodoso, mas na maturidade mais ou menos em forma de leque; com uma superfície brilhante e envernizada, muitas vezes grosseiramente disposta em "zonas" irregulares; vermelho a castanho-avermelhado quando maduro; quando jovem, muitas vezes com zonas de amarelo vivo e branco na margem.

**Superfície dos poros:** Esbranquiçada, tornando-se acastanhada com a idade; geralmente castanha escura;

**Caule:** Presente; retorcido; igual ou irregular; envernizado e colorido como o chapéu; muitas vezes distintamente angulado em relação a um dos lados do chapéu.

**Polpa:** acastanhada; bastante mole quando jovem, mas rapidamente dura.

**Substrato:** Sobre madeira

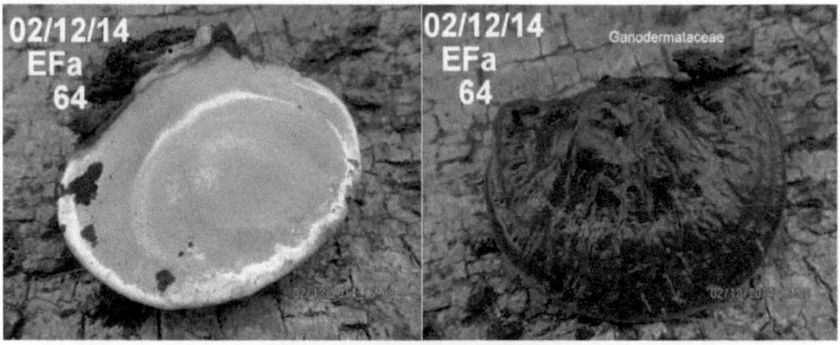


Placa 84: *Ganoderma pfeifferi*

Placa 85: *Ganoderma applanatum*

**Placa 86:** ***Ganoderma*** **sp**

**Placa 87:** ***Ganoderma lucidum***

***Coltricia*** **sp (Prato 88)**

**Classe:** Agaricomycetes
**Ordem:** Hymenochaetales
**Família:** Hymenochaetaceae
**Caracteres:** Altura do cogumelo inteiro: 35 a 37mm; Comprimento do caule: 3mm; Largura da tampa: 25mm Superfície da tampa brilhante concêntrica e textura seca, ornamentação da superfície da tampa enrugada, tampa de forma infundibuliforme, caule localizado centralmente com textura seca. A superfície do chapéu tem bandas concêntricas de cor castanha canela, a polpa é dura e coriácea. A superfície dos poros é branca, o píleo é circular, pouco a muito infundibuliforme, a margem é ondulada, a superfície do caule é castanha-ferrugem e a camada de poros é subcorrente e branca
**Substrato:** Madeira

***Coltricia*** **sp2 (Prato 89)**
**Classe:** Agaricomycetes
**Ordem:** Hymenochaetales
**Família:** Hymenochaetaceae
**Caracteres:** O píleo é circular, coriáceo, umbilicado com uma ligeira depressão. A superfície é fomentosa e zonada. A margem é esbranquiçada e inteira, o estipe é central e bulboso. O cogumelo está unido ao das plantas vizinhas na base, **Substrato:** No solo (terra)

***Lycoperdon*** **sp (Prato 90)**
**Classe:** Agaricomycetes
**Ordem:** Agaricales
**Família:** Lycoperdaceae / Agaricaceae
Tem um corpo de frutificação redondo e afunilado
É de cor esbranquiçada, com a parte superior geralmente coberta de protuberâncias curtas e espinhosas
Crescimento disperso e gregário/agrupamentos

***Lycoperdon pyriforme*** **(Prato 91)**
**Classe:** Agaricomycetes
**Ordem:** Agaricales
**Família:** Lycoperdaceae / Agaricaceae
**Nome binomial:** ***Lycoperdon pyriforme*** Schaeff. (1774)
Corpo do fruto: Forma de pera invertida com a parte superior arredondada a achatada
É coberta de espinhos esbranquiçados quando jovem e fresca, mas os espinhos caem frequentemente na maturidade e deixam cicatrizes na superfície
Cresce em cachos no solo

***Daldinia concentrica*** **(Prato 92)**
**Classe:** Sordariomycetes
**Ordem:** Xylariales
**Família:** Xylariaceae
**Nome binomial:** ***Daldinia concentrica*** (Bolton) Ces. & De Not. 1863

Nome comum: Bolos do rei Alfred / Bolas de cãibras

**Personagens:**

Tem uma forma de bola dura e não comestível. A polpa é de cor púrpura-acastanhada e são visíveis anéis concêntricos escuros quando o fungo é aberto. Ao envelhecer, o cogumelo torna-se preto e brilhante

***Xylaria polymorpha* (Prato 93)**

**Classe:** Sordariomycetes

**Ordem:** Xylariales

**Família:** Xylariaceae

**Nome binomial:** ***Xylaria polymorpha*** (Pers.) Grev., (1824)

Nome comum: Dedos de homem morto,

**Personagens:**

Caracteriza-se pelos seus estromas alongados, erectos, clavados ou em forma de cinta, que sobressaem do solo, como se fossem dedos. Corpo de frutificação em forma de clube mas variável. Constituído por um corpo de frutificação escuro, branco no interior, com uma zona pontilhada enegrecida à volta, composta por pequenas estruturas denominadas peritécios.

Substrato: folhada/húmus (cresce a partir da base de madeira em decomposição)

***Xylaria* sp (Prato 94)**

**Classe:** Sordariomycetes

**Ordem:** Xylariales

**Família:** Xylariaceae

**Altura total:** 9mm

**Comprimento da haste:** 4mm

**Largura da tampa:** 10 mm

**Caule:** Séssil

**Textura da superfície:** Seca

**Ornamentação da superfície do chapéu:** fissurada e escamosa

**Forma do chapéu:** Em forma de leque (bifurcado)

**Substrato:** Madeira dura

***Geastrum saccatum Fr. 1829* (Prato 95)**

**Classe:** Agaricomycetes

**Ordem:** Geastrales

**Família:** Geastraceae

**Nome binomial:** ***Geastrum saccatum*** Fr., 1829

**Personagens:**

O corpo de frutificação é liso e em forma de ovo, com um bico pontiagudo no início. Está ligado à folhada/húmus por um ponto na base; com a maturidade, a pele exterior descasca-se para formar braços menos triangulares e não higroscópicos; o invólucro dos esporos tem até 2,3 cm de largura, é mais ou menos redondo, liso, com um pequeno bico cónico rodeado por uma crista ou depressão circular; é transversal quando os braços se abrem; o interior do invólucro dos esporos é inicialmente sólido e branco, mas em breve torna-se pulverulento e castanho médio.

Substrato (Habitat): Cresce sozinho em folhada/húmus e madeira morta

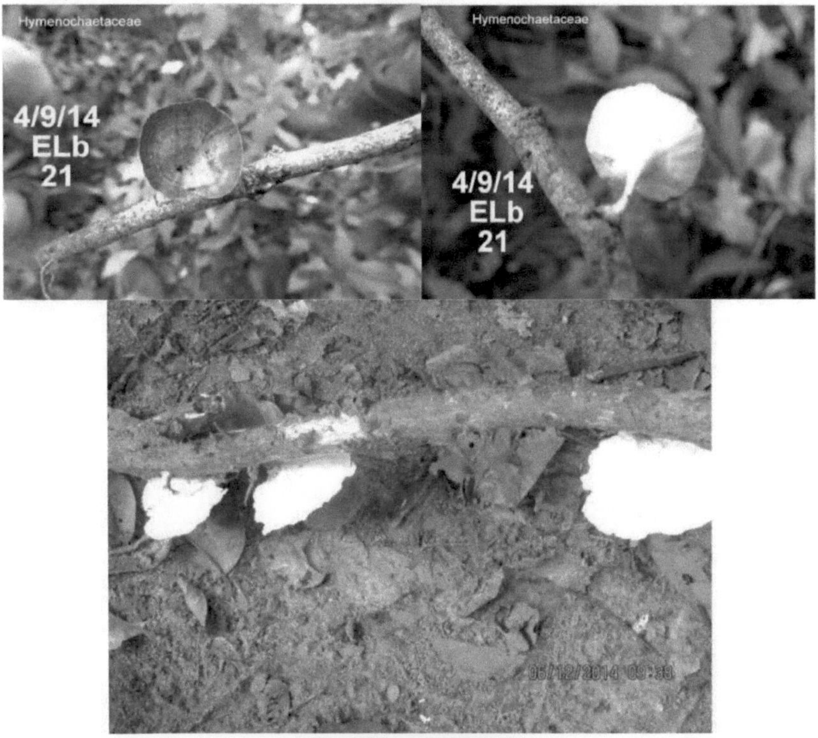


**Placa 88:** ***Coliricia*** **spl**

**Placa 88:** ***Coltricia*** **sp2**

**Placa 89:** ***Lycoperdon*** **sp**

**Placa 90:** ***Lycoperdon pyriforme***

**Placa 91:** ***Daldinia concentrica***

**Placa 92:** ***Xylaria polymorpha***

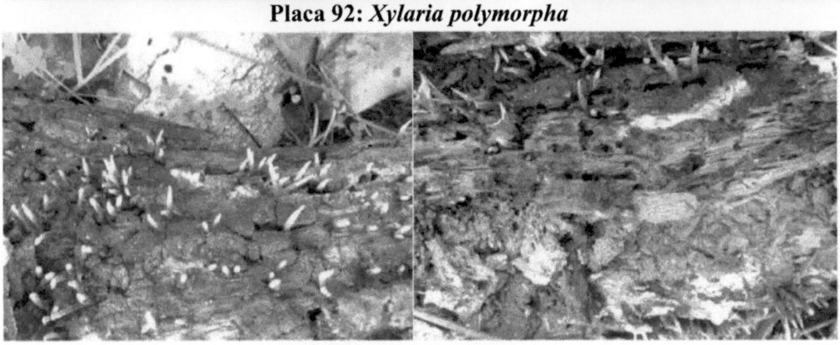

**Placa 93:** ***Xylaria* sp**

**Placa 94:** ***Geastrum saccatum***

# CAPÍTULO 4

## RECONHECIMENTO

Estou particularmente grato ao Prof. Ponchang A. Wuyep, Diretor do Departamento de Fitotecnia da Universidade de Jos, Estado de Plateau, Nigéria, pelo seu aconselhamento e orientação especializados. O mesmo se aplica aos Srs. Falemara Babajide, Abuh Emmanuel, Audu Nanven e Kwambe Tobias pela sua inestimável ajuda na pesquisa, fotografia, formatação e edição do manuscrito.

# CAPÍTULO 5

## REFERÊNCIAS


Crous, P.W., Rong, I.H., Wood, A., Lee, S., Glen, H., Botha, W., Slippers, B., de Beer, W.Z., Wingfield, M.J. & Hawksworth, D.L. (2006). Quantas espécies de fimgi existem na ponta de África? ***Studies in Mycology,*** 55: 13-33.

Hawksworth, D.L. (2001). The magnitude of fungal diversity: the 1.5 million species estimate revisited. Mycological Research, 105: 1422-1432.

Hawksworth, D.L. (2004). Diversidade fúngica e suas implicações para as colecções de recursos genéticos. Studies in Mycology, 50: 9-18.

Hutten, M. (2016). Programa Interagências para o Estatuto Especial/Espécies Sensíveis (ISSSSP). Serviços de Identificação.Departamento de Agricultura / Departamento do Interior Serviço Florestal / Gabinete de Gestão do Território. Acedido em 16 de abril de 2016 a partir de http://www.fs.fed.us/ r6/sfpnw/issssp/inventories/identification.shtml

Jordan, P. (2000). The Mushroom Guide and Identifier: The Ultimate Guide to Identifying, Picking and Using Mushrooms. Londres: Hermes House, p. 100

KOSEEDS (2014). ***Relatório do Comité de Elaboração.*** Estratégia de Desenvolvimento e Capacitação Económica do Estado de Kogi. pp218.

Lamaison, J.L. & Polese, J.M. (2005). ***A Grande Enciclopédia dos Cogumelos.*** Alemanha Konemann. pp. 228

Largent, D. & Theirs, H.D. (1977). ***How to Identify Mushrooms to Genus II: Field Identification of Genera.*** Mad River Press, E.U.A., pp 31

Largent, D.L. (1986). ***Como Identificar Cogumelos ao Género I: Caraterísticas Macroscópicas.*** 3ª Edição. Eureka, CA: Mad River Press. 166p.

Largent, D.L., Johnson, D. & Watling, R. (1977). ***Como identificar cogumelos até ao género III: Caraterísticas microscópicas.*** Eureka, CA: Mad River Press, ppi 48

Miller, O.K. Jr. & Miller, H. H. (2006). ***North American Mushrooms: A Field Guide to Edible and Inedible Fungi (Guia de Campo para Fungos Comestíveis e Não Comestíveis).*** Guilford (CT): Falcon Guide. pp584

Van Norman, K., Lippert, J., Rivers-Pankratz, D., Holmes, R. & Mayrsohn, C. (2008). Sporocarp Survey Protocol for Macrofungi, versão 1.0. Portland, OR. Interagency Special Status/Sensitive Species Program.U.S. Department of Interior, Bureau of Land Management, Oregon/Washington e U.S. Department of Agriculture, Forest Service, Region 6. ppl6

Zoberi, M.H. (1972). Alguns cogumelos comestíveis da Nigéria. ***Nigerian Field,*** 38:81-90.

# I want morebooks!

Buy your books fast and straightforward online - at one of world's fastest growing online book stores! Environmentally sound due to Print-on-Demand technologies.

Buy your books online at
**www.morebooks.shop**

Compre os seus livros mais rápido e diretamente na internet, em uma das livrarias on-line com o maior crescimento no mundo! Produção que protege o meio ambiente através das tecnologias de impressão sob demanda.

Compre os seus livros on-line em
**www.morebooks.shop**

info@omniscriptum.com
www.omniscriptum.com
OMNIScriptum

MIX
Papier aus verantwortungsvollen Quellen
Paper from responsible sources
FSC® C105338

Printed by Books on Demand GmbH, Norderstedt / Germany